O PEQUENO
MANUAL DA
**ELEGÂNCIA
MASCULINA**

CIP-BRASIL. CATALOGAÇÃO NA PUBLICAÇÃO
SINDICATO NACIONAL DOS EDITORES DE LIVROS, RJ

G563p    Goldani, Marcelo Zubaran, 1959–
           O pequeno manual da elegância masculina / Marcelo
       Zubaran Goldani ; ilustração Sophia Bahia, Antonio Vargas. –
       1. ed. – Porto Alegre [RS] : AGE, 2025.
       103 p. : il. ; 13x19 cm.

       Inclui bibliografia
       ISBN 978-65-5863-357-0
       ISBN E-BOOK 978-65-5863-356-3

       1. Elegância masculina. I. Bahia, Sophia. II. Vargas,
       Antonio. III. Título.

       25-97488.0            CDD: 391.1
                           CDU: 391-055.1

Gabriela Faray Ferreira Lopes – Bibliotecária – CRB-7/6643

# O PEQUENO MANUAL DA
# ELEGÂNCIA MASCULINA

---

Por ZUBARAN
O *Chic* Epigenético

PORTO ALEGRE, 2025

© Marcelo Zubaran Goldani, 2025

*Capa:*
Maximiliano Ledur,
utilizando ilustração de Sophia Bahia

*Ilustrações:*
Antonio Vargas
Sophia Bahia

*Fotografia:*
Dani Villar

*Diagramação:*
Nathalia Real

*Revisão textual:*
Marquieli Oliveira

*Supervisão editorial:*
Paulo Flávio Ledur

*Editoração eletrônica:*
Ledur Serviços Editoriais Ltda.

Reservados todos os direitos de publicação à
**LEDUR SERVIÇOS EDITORIAIS LTDA.**
editoraage@editoraage.com.br
Rua Valparaíso, 285 – Bairro Jardim Botânico
90690-300 – Porto Alegre, RS, Brasil
Fone: (51) 3223-9385 | Whats: (51) 99151-0311
vendas@editoraage.com.br
www.editoraage.com.br

Impresso no Brasil / Printed in Brazil

# Apresentação

Caro leitor,

Neste mundo complexo em que vivemos, fazer rir é quase impraticável. Aliás, buscar o riso de uma pessoa é mais difícil do que o drama. Talvez sempre tenha sido, mas hoje somos vigiados todo o tempo pelo nosso "lugar de fala". O leitor já se deu conta disso? E o riso? Ah! O riso se colocou numa linha tênue que pode levá-lo à ofensa pessoal.

Sobre o riso, as suas formas são literariamente tímidas. O conceito de riso aparece envolvido com outros conceitos, como humor, ironia, comédia, sátira e grotesco, resistindo assim a uma definição definitiva tanto na Filosofia quanto na Psicologia e na Estética.

Creio que vale a pena recorrer a Hutcheon, que afirma que a sátira é extramural, e a paródia, intramural. Quer dizer, a paródia é um recurso literário que joga no diálogo com outros textos, enquanto a sátira, que não é uma técnica, é um gênero que serve para criticar uma situação que existe fora da literatura.

No fundo, o riso é o do desfazimento de certezas. Até porque o narrador lá está para enfatizar e afrontar esse riso com questões evidenciadas na parte imersa do *iceberg*, parafraseando Hemingway.

Interessa observar que o riso, à medida que cria uma realidade, fruto da sátira, paródia e ironia, repete e refrata a própria realidade. É quando se promove a desmitificação e a dessacralização de valores aparentemente imutáveis. E, aqui, já estou pensando neste genial *O pequeno manual da elegância masculina,* assinado por Zubaran.

Marcelo Zubaran Goldani cria um manual absurdamente inteligente, envolvente e divertido e, o que é curioso, o mantém como texto instrucional, ou seja, é fiel – o máximo que pode ser – ao gênero: "Esse pequeno manual foi elaborado com o objetivo de auxiliar o homem sedento de elegância e destaque a alcançar o bem-vestir masculino. Com lições práticas sobre vestimentas e adereços, buscou-se oferecer de maneira didática o acesso a informações que podem transformar o simples ato de vestir em uma aventura estética única e desafiadora, um verdadeiro *savoir-vivre*".

O tom do livro – o do riso – é colocado de imediato no seu Prefácio, alertando que "Mao Tsé-Tung já surfava nessa onda". É importante observar o estilo que o autor oferece a esse manual. Recheado de subjetividades, seu estilo é livre e absolutamente pessoal, o que lhe propicia o uso indiscriminado da paródia. "Sem embargo, mesmo apresentado esse cabedal de informações raras e improváveis, este modesto texto não abriu mão de estar a par e passo com os últimos chamados do mundo *fashion*. Portanto, a triangulação entre a mente, o conhecimento social e a comunicação ofereceu ao texto um toque de originalidade, tornando-o discretamente sofisticado. Nada mais adequado para um guia que busca a expressão máxima da elegância masculina ou coisa que o valha."

Sobre o autor/narrador/personagem, ele se apresenta no melhor estilo, afinal "Zubaran é consultor estético, *fashionist, coach, style advisor, influencer* de várias celebridades internacionais". "Zubaran, o *Chic* Epigenético, redefiniu o vestir do homem contemporâneo...".

Nessas alturas, o leitor deve se perguntar: um narrador num manual? É o outro aspecto da excelência deste peculiar manual caracterizado pela paródia. Na paródia, é comum que o autor adote uma voz narrativa irônica ou satírica, muitas vezes imitando o estilo e a estrutura de um gênero específico – como um manual – para criticar, ridicularizar ou subverter o conteúdo original. É o que nos apresenta Goldani.

E por que um manual da elegância masculina? Ora, por que! "A roupa carrega a história da humanidade, seus ritos e concepções sociais. Roupas sacralizadas para os religiosos e peregrinos, roupas caras para as classes mais abastadas e farrapos para os refugiados. Sim, como uma segunda pele, a roupa tem conteúdos simbólicos e reproduz uma metalinguagem ponderosa."

A partir daí, o autor passa a discutir conceitos fundamentais: o luxo, a elegância, a moda, as ocasiões. Nesse contexto, ele usa a primeira pessoa como uma voz impessoal, típica de manuais, mas com uma abordagem exagerada ou absurda, criando um efeito cômico ou crítico. Portanto, o narrador neste manual paródico também funciona como uma persona ficcional para reforçar o tom satírico. Se o leitor tiver alguma dúvida com relação a ocasiões, basta entrar em contato com o autor.

Chegamos a "Roupas e adereços". Aqui, o autor--narrador-personagem inicia pelas meias. Tão triviais para o homem moderno, não devem nunca ser esquecidas, sob pena de sofrer com a "revolta, pânico e uma turba enfurecida nos teus calcanhares". Entretanto, para o dia a dia "recomenda-se o livre-arbítrio, podendo até se utilizar meias diferentes em cada pé para, neste caso, demonstrar o lado *paradoxal* da tua personalidade."

Nesse tom, o autor passa pela bengala, pelas luvas, pelas cuecas (impagável – não se surpreenda, leitor, se surpreender com uma boa risada), seguindo pelas abotoaduras, gravatas, sapatos, chapéus: "Use um chapéu quando lhe der na telha e não se esqueça de colocar nessa peça tão icônica um traço da tua personalidade levemente delirante". "Aba curva, *Snapback*, *Strapback* ou *Truncker*, seja lá qual for o seu gosto e estilo, nunca utilize qualquer um deles de forma invertida (abas na nuca). Essa postura tresloucada certamente reforçará os aspectos infantiloides da tua frágil personalidade."

Chega a vez dos ternos, das calças: "Quebre regras! Inove! Seja disruptivo! Misture experiências nessas duas peças. Tweed com jeans, linho com seda, e por aí vai. Atente-se: calças de seda causam furor e ranger de dentes, portanto cuidado".

Camisas, chinelos e sandálias têm a sua vez. Nas ideias mais fantásticas sobre moda, Zubaran reserva a si próprio a abertura das reflexões, com epígrafes autorais. Um exemplo: "Metrossexual: 'quando o homem é desejado até pelo seu cão'".

Como um manual de um autor qualificado, traz uma sessão de "perguntas frequentes de clientes duvidosos". Posso assegurar que será o deleite do leitor. E o manual se encerra com um glossário e uma bibliografia, o que, de fato, atesta a qualidade do conhecimento e da visão crítica do autor.

Paro aqui para não entregar ao leitor um *spoiler* do livro; posso assegurar, entretanto, que o leitor está diante do que de melhor há na literatura do gênero. Marcelo Zubaran Goldani escolheu o riso como estratégia estético-ideológica de *O pequeno manual da elegância masculina*. Não esqueçamos que as formas do cômico servem para questionar as "verdades absolutas", sejam elas sociais, políticas ou morais, e também, por que não?, as "verdades literárias". É o que define esta excelente obra de Marcelo Goldani, que tenho a honra e o orgulho de, agora, apresentar.

*Jane Tutikian*
Escritora, verão de 2025

# Sobre o Autor

**Desde a Epigênese da Infância...**
—AUGUSTO DOS ANJOS

"Um homem torna-se rico, mas nasce elegante." Balzac não possuía a menor ideia sobre os fenômenos relacionados à expressão gênica, estes identificados muito recentemente. No entanto, com seu dom premonitório aguçado, seu aforismo antecipou a existência dos efeitos epigenéticos na definição do bom gosto ao se vestir. Afinal, Honoré definitivamente era um fisiologista.

Zubaran, o autor desta obra, é comprovadamente um *Chic* Epigenético, proprietário de um genuíno e inato senso de bom gosto e sofisticação. Uma série de influências pré-natais sobre seu patrimônio genético alteraram permanentemente a expressão dos alelos responsáveis pelos receptores DRD2 (receptores de estética e de prazer) localizados no núcleo estriado dorsal do hipotálamo. Dessa forma, estabeleceu-se nele, de forma inédita, a base neurofisiológica da sensibilidade primordial ligada à elegância e à estética de maneira absolutamente original.

O contato materno com uma intensa e continuada carga de experiências culturais e de belezas clássicas transformou, ainda no Zubaran feto, suas vias dopaminérgicas em verdadeiras vitrines da Rue de La Paix, em Paris. O autor adquiriu uma especial denotação à sua cognição hedônica, oferecendo-lhe uma refinada capacidade de análise e julgamento de coisas e de pessoas. Para ele, a elegância é, afinal, a expressão mais epidérmica da inteligência.

Zubaran é consultor estético, *fashionist*, *coach*, *style advisor e influencer* de várias celebridades internacionais. Suas ideias revolucionárias contaminaram definitivamente o *Jet Set*, transformando o ato de cobrir o corpo com panos e trapos em um momento sublime e impactante. Seus conhecimentos extensos sobre a adequação no vestir, associados aos melhores conselhos de etiqueta e conversação específicas para cada ocasião, o tornaram reconhecidamente o mais célebre personagem contemporâneo no campo da moda masculina. Zubaran, o *Chic* Epigenético, redefiniu o vestir do homem contemporâneo...

# Sumário

Introdução .................................................... 15

## O PRINCÍPIO

A roupa ........................................................ 21
O luxo .......................................................... 24
Afinal, o que é a elegância? ............................ 26
A moda ......................................................... 29
Ocasiões ....................................................... 31

## ROUPAS E ADEREÇOS

Meias ............................................................ 37
Bengalas ....................................................... 38
Lenços de bolso ............................................ 42
Luvas ............................................................ 44
Cuecas .......................................................... 46
Abotoaduras ................................................. 50
Gravatas ....................................................... 52
Sapatos ......................................................... 55
Chapéus ....................................................... 59
Ternos .......................................................... 63

Calças ........................................................................... 67
Camisas ......................................................................... 70
Chinelos e sandálias ..................................................... 73

## MOVIMENTOS E MODISMOS

*La Bella Figura* ............................................................ 77
A moda *Kitsch* .............................................................. 79
A moda Patafísica ......................................................... 81
A moda *Fitness* ............................................................ 83
Metrossexual ................................................................. 86
Dandismo ...................................................................... 88
Perguntas frequentes de clientes duvidosos ............... 91
Os dez mandamentos derradeiros ............................... 97
Glossário ....................................................................... 99
Bibliografia ................................................................. 102

# Introdução

> O espírito de um homem adivinha-se
> pela maneira como porta sua bengala.
>
> —BALZAC

Este pequeno manual foi elaborado com o objetivo de auxiliar o homem sedento de elegância e destaque a alcançar o bem-vestir masculino. Com lições práticas sobre vestimentas e adereços, buscou-se oferecer de maneira didática o acesso a informações que podem transformar o simples ato de vestir em uma aventura estética única e desafiadora, um verdadeiro *savoir-vivre*.

Provocado por uma série de modismos *nonsense*, por revolta e inconformismo, fui levado a tentar corrigir o rumo de uma relação entre o bom gosto e o ordinário cobrir do corpo desnudo. Por meio de uma abordagem foucaultiana, identifiquei a genealogia de cada trapo, acompanhada de sua representação em termos de poder. Nesta dimensão estética, evidenciam-se, na perspectiva de Michel, as relações de interdição e exclusão contidas no ato de vestir. A roupa como um poderoso instrumento disciplinador do gênero, do sexo e de todas as outras ordens e características sociais aderentes. Mao Tsé-Tung já surfava nessa onda.

Em adição, compreendendo o modo de vestir como um poderoso instrumento de comunicação, utilizei os conceitos semióticos de Roland Barthes para a construção de uma narrativa de uma moda voltada a impor potência num cenário multifacetado, cuja cornucópia de tendências e detalhes produz um grande painel de personalidades cinzentas e com pobre brilho externo. Nesse sentido, você será capaz de ressignificar a figura máscula e ardente que habita nesse corpo outrora malvestido, oferecendo aos demais viventes a experiência de visualizar uma mensagem de bom gosto e elegância há muito esquecida sob toneladas de lugares comuns de uma moda barata e despersonalizada. Este texto modesto irá ampliar em definitivo a possibilidade de você, homem comum e ordinário, tornar-se definitivamente um ícone do bom gosto. O objetivo é te oferecer as ferramentas necessárias para a produção de um diálogo requintado através de seu trajar com o mundo ao seu redor, transmitindo de maneira absolutamente singular e formosa a sua personalidade marcante como um cartão de visitas.

Do ponto de vista psicológico, pesquisei na vasta literatura freudiana as origens totêmicas e seus componentes eróticos existentes nas intenções e nos impulsos contidos nas opções de vestimentas. Nesse caso, propus expor alguns dos ritos neuróticos que podem pôr em risco o trajar elegante e te levar a um abismo estético sem volta. Portanto, essa pegada psíquica se fez necessária para remexer o teu inconsciente conturbado e fazer emergir os motivos das tuas preferências pelo comum e pelo inadequado no vestir. Não desista, este pequeno livro terapêutico irá auxiliá-lo a alcançar com algum esforço a sanidade estética. Não esqueça: mau gosto vicia...

Finalmente, longe de ser um texto definitivo sobre o vestir, este manual inaugura uma nova perspectiva de caráter multidimensional sobre a atividade cotidiana de utilizar vestimentas com todo o seu alto valor simbólico relacionado à sobrevivência e ao sucesso existencial. O texto oferece ao leitor desprevenido uma perspectiva histórica, psicológica e filosófica, objetivando facilitar seu posicionamento no mundo das coisas e das pessoas. Sem embargo, mesmo apresentado esse cabedal de informações raras e improváveis, este modesto texto não abriu mão de estar a par e passo com os últimos chamados do mundo *fashion*. Portanto, a triangulação entre a mente, o conhecimento social e a comunicação ofereceu ao texto um toque de originalidade, tornando-o discretamente sofisticado. Nada mais adequado para um guia que busca a expressão máxima da elegância masculina ou coisa que o valha.

# O PRINCÍPIO

# A roupa

Nada seria sem roupa...
—ZUBARAN

A roupa cobre o corpo e, para muitos, a alma. A roupa tem memória: desbota, mancha, descostura e rasga. A roupa leva os cheiros de seus donos, uma mistura de suor, de perfumes, de naftalina e de armários. No passado não muito distante, constituiu-se no principal produto de troca, habitando amiúde os *bricks* e as lojas de penhores mundo afora. A roupa como mercadoria sempre possuiu valor, Karl Marx que o diga.

A roupa carrega a história da humanidade, seus ritos e concepções sociais. Roupas sacralizadas para os religiosos e peregrinos, roupas caras para as classes mais abastadas e farrapos para os refugiados. Sim, como uma segunda pele, a roupa tem conteúdos simbólicos e reproduz uma metalinguagem ponderosa. Nas sociedades altamente disciplinadas, as roupas obrigatoriamente necessitam de uma monotonia, reduzindo ao máximo o individualismo e a singularidade. Por outro lado, o estilo das roupas ditado pelos grandes conglomerados do mundo *fashion* adquiriu um caráter de monopólio do desejo, em que todos cultuam as mesmas roupas em todos os lugares do mundo. A roupa é ao mesmo tempo revolucionária e contrarrevolucionária, audaz e conservadora. A roupa transforma distintos em semelhantes e, ao mesmo tempo, oferece a oportunidade para rupturas e individualismos. Você sem roupa estaria despido de todo o significado e fragilizado na sua humanidade. Portanto, se você deseja ser alguém na vida, não ande pelado por aí à toa.

Primeiro as peles, depois as fibras vegetais, como linho, mais tarde as diversas lãs e, finalmente, a revolução do algodão. A seda há mais de 5.000 anos viajou milhares quilômetros para encantar os europeus, transformando-se no mais sofisticado tecido e adquirindo cores e brilhos jamais imaginados. Os tecidos sintéticos, mais tardios, foram incorporados como coadjuvantes nesse enredo que acompanha a humanidade desde sempre. Por vergonha, beleza ou frio.

As roupas passam de pais para filhos, para os netos e para as próximas gerações. Para os amigos também. As crianças cresceram e deixaram o enxoval para quem recém nasceu. Nós passamos e as roupas são lavadas e repassadas aos outros.

Roupas novas têm pouca história. Quando desejar ampliar o significado do bem-vestir, escolha uma peça antiga que lhe traga uma boa lembrança. Fará toda a diferença. Porém, cuidado, não se torne um museu ambulante...

# O luxo

> O Diabo nunca vestiu Prada.
> — ZUBARAN

O luxo é poder, excesso, exclusividade e ausência de piedade. A devassidão, a perversão e o Diabo estariam sempre nas suas proximidades. O luxo ressalta as diferenças, e somos diferentes. Poucos contra uma caterva despossuída. Também somos outros, os mais luxuosos. O luxo gera necessidades e impõe a perda de limites. Não há nem pode haver vulgaridade no luxo, pois ela dá lugar à extravagância e à originalidade.

O luxo tem uma história, aliás como tudo que já nasceu. O luxo surgiu com a sua irmã gêmea: a vergonha. Os seres luxuosos são sensíveis e não toleram encontrar uma moda mundana e comum a todos. Uma crise de vergonha mataria um homem luxuoso. Os homens luxuosos são aqueles que lutaram bravamente para ser o que muito poucos poderiam ser. O luxo exige o seu reconhecimento. Não há luxo na solidão. Não basta tê-lo, precisa ser revelado e invejado. Não há luxo sem inveja. Ela, a inveja, é o seu combustível. Por outro lado, os homens luxuosos devem camuflar uma arrogância necessária e o despudor sob o verniz de uma gentileza superficial e de uma falsa aparência frágil e desavisada. O luxo exige um *mise-en-scène*; não basta possuir, o luxo precisa ser interpretado.

Outrora associado a marcas de renome, hoje delegadas aos novos ricos de ocasião, o luxo tornou-se uma entidade sem dono. Em um mundo sem rótulos, o luxo contemporâneo destrói a semana da moda de Milão, aderindo a um mundo estético subterrâneo, no qual o culto a uma personalidade inalcançável e o refinamento anônimo no trajar se constituem pilares dessa hipersofisticação hiperbólica no vestir. O luxo é antidemocrático e essencialmente paradoxal. Poucos, muito poucos, podem alcançar o luxo, e, por outro lado, o contraste se faz necessário. Muitos devem vestir roupas comuns para que a exclusividade faça sentido.

Para você que deseja ardentemente adentrar o mundo do alto luxo, renegue todas as marcas *ready to wear* e identifique as fissuras no mundo *fashion* por onde só você e outros poucos escolhidos poderão se esgueirar. Nesse caso, uma boa dose de elasticidade, aulas de interpretação e uma imensa fortuna seriam os passos iniciais rumo a um objetivo inatingível.

# Afinal, o que é a elegância?

> O tempo é o pai da elegância.
>
> —ZUBARAN

A elegância habita um tênue e esguio espaço entre a vulgaridade e a sofisticação, entre a modéstia e a vaidade. Na essência, ela nega esses polos distinguindo-se através de alguns imperativos essenciais: asseio, alto cuidado, postura, atitude, harmonia, exclusividade, qualidade estética e, principalmente, atenção aos detalhes. A elegância é um processo de construção multifacetado, e uma vez alcançada irá incorporar-se ao seu *savoir-faire*, tornando você, homem comum, em um ser simplesmente único.

Quatro elementos primordiais constituem a elegância e o bom gosto. Em conjunto, eles promovem um movimento inexorável em direção à perfeição ao portar-se, tornando-o o centro de admiração e inveja.

Primeiro, a assimilação mimética. Isto é, entender padrões de vestuários e seus significados psicossociais. Uma vez conquistado, esse elemento lhe permitirá criar referências estéticas extremamente úteis para buscar uma inserção ou fugas do contexto da moda masculina vigente.

Segundo, o prazer pela exploração e pela curiosidade. Neste caso, há necessidade de ser arrojado, buscando e expandindo os limites do bem-vestir.

Terceiro, o desejo de exercitar experiências e adquirir um livre-arbítrio no vestir, buscando a prática de uma autonomia na escolha dos melhores cortes. Possuir a coragem e a ousadia de criar novos padrões, rompendo com o tradicional.

Quarto, dar vazão a um impulso lúdico. Afinal, o bom gosto relaciona-se com inventar brincadeiras estéticas. Não tenha medo de brincar e inventar novos jogos de se mostrar vestido.

Para ser um homem elegante, dominar o tempo é fundamental. Elegância exige tempo. Não há elegância na pressa e no descuido. Portanto, reserve pelo menos 4 horas diárias para desenhar seu melhor figurino. Tenha tempo para buscar unicidades no vestir, escolher os melhores trajes, as combinações perfeitas. Os adereços requerem um profundo sopesar: como escolhê-los sem considerar, além dos trajes, o clima, o humor diário e os outros elementos de sua personalidade ciclotímica?

A variação da indumentária é importante. Um homem elegante veste pelo menos dois figurinos por dia (não vale o traje de dormir) e no mínimo dez ao longo da semana. Uma combinação criativa resolve a escassez de peças. Lembre-se: elegância é disciplina para forjar um estilo próprio, só teu.

# A moda

**A moda é a média entre os normais.**
—ZUBARAN

A moda possui três características que constituem uma síntese poderosa, pulsante e dinâmica.

Primeiro, o compromisso com o novo. Tão velha quanto a moda é a tradição com o novo, sempre buscando um ponto de ruptura na decadência de uma moda anterior. Para você que adora um paradoxo, seja de um homem antigo, vista sempre algo novo.

Segundo, a mobilidade. A moda está sempre em movimento. Ela captura todas as tendências econômicas e sociais e joga de imediato todas essas influências no modo de vestir.

Terceiro, o tempo. A moda remete a uma temporalidade e à sua relação com o tempo. Uma efemeridade permanente e uma transitoriedade latente transformam o ato de estar na moda em algo frágil e constantemente contemporâneo. As coleções de moda surgem como geração espontânea todas as semanas. Estar *up to date* na dita moda exige atenção e visitas permanentes aos seus melhores especialistas. Deixar para amanhã uma visita a *Savile Row* já poderia ser tarde demais.

Porém, para o homem audaz e autoconfiante, a moda é apenas uma referência tão distante como quasar subluminoso nas fronteiras da Nebulosa de Órion. Pois sua leitura estética sofisticada, sustentada sobre uma cultura histórica profunda e a ousadia dos bravos, moldou em você uma personalidade com habilidades constitutivas de um modo de vestir próprio e único. Não se esqueça: você se tornou a própria moda!

# Ocasiões

> Sempre elas...
> —ZUBARAN

Como vestir-se adequadamente nas diversas ocasiões pelas quais uma pessoa dinâmica e requisitada como você irá enfrentar durante a sua longa e elegante existência? Certamente esse é um dos maiores desafios como consequência da pletora de eventos contemporâneos disponíveis para as camadas *premium* da nossa sociedade arrojada e jovial. Nesse cenário turbulento, uma regra básica se impõe: faça a diferença. O custo sempre justifica os benefícios, portanto gaste o que puder e o que não puder. Um certo esforço para não ser expulso do recinto deve ser lembrado *en passant*. Pelo menos não de chofre...

Vamos a alguns eventos marcantes na sua promissora carreira de *sociality*:

**Velórios:** depende totalmente da estirpe do velado(a ou e). Caso o defunto(a ou e) seja de fino trato, pertencente a nossa prestigiada *high society*, a discrição é a tônica. A sobriedade e o equilíbrio entre as peças devem prevalecer, a menos que tenhas alguma desavença com o cadáver. Nesse caso, vista roupas comuns e sem o *glamour* que lhe é característico, denotando um certo pouco caso pelo momento. Certamente, não te deixarão carregar o féretro.

Para velórios de intelectuais, muito raros hoje em dia, procure usar óculos de leitura, o que lhe oferecerá um ar inquisitivo e distraído, camuflando o leitor bissexto que você é. Um terno xadrez surrado com uma camisa de colarinho encardido acompanhada de uma gravata desajustada oferecerá a consistência ao conjunto, conferindo-lhe um ar levemente sartriano. Importante não tomar banho por três dias antes do evento, no mínimo, se possível. Por outro lado, caso a vítima tenha suas raízes no samba ou no pagode e assemelhados, roupas coloridas vêm bem a compor o estilo *show business*, sempre remetendo à escola de samba do coração ou à casa noturna do *habitue*. Certamente, caprichando nos detalhes, vais tirar dez nos quesitos harmonia e figurino. Nesse sentido, se acaso o falecido(a ou e) for do balacobaco, podes se vestir com roupas mais extravagantes e despojadas em homenagem aos bons tempos. Adentrar o recinto levemente alcoolizado acrescentaria certo charme, porém nada de bebidas nacionais. Não beije a viúva(o ou e). Em casos omissos, entre em contato com o AA. No velório de militares, recomenda-se vestir uma farda bem cortada com medalhas aleatórias sobre teu peito formoso, e não se esqueça: preste continência à viúva(o ou e) pensionista.

**Casamentos:** como regra geral, não chame mais a atenção do que o noivo. É de bom alvitre saber de antemão as vestimentas nupciais, evitando assim paralelismos e comparações desgastantes. Em todo caso, use uma peça que te ofereça certo grau de exclusividade. Cuidado com a dose.

**Aniversários:** depende muito das características do local do evento, da idade do aniversariante e do seu grau de proximidade afetiva. Pondere bem sobre essas variáveis e escolhas vestimentas alegres com detalhes joviais. Porém, em caso de dúvidas: não vá. Melhor ausente do que ridículo.

**Formaturas:** caso o formando venha de cursos de áreas de conhecimento tradicionais, um certo grau de formalidade lhe cairá bem. Um terno bem cortado com cores adequadas para o horário e o local do evento não causará desconforto e arrependimentos. Para os cursos mais disruptivos, poderias ampliar o leque de opções e até mesmo alcançar o limite da tua ousadia. Lembre-se, esse tipo de evento com frequência tem finais imprevisíveis. Esteja preparado para o que der e vier.

**Congressos:** reuniões profissionais geralmente são monótonas em termos de estilo e elegância ao se vestir. Nesse caso, vista-se estrategicamente levando em consideração os teus objetivos profissionais, porém não abra mão de buscar destaque entre teus pares. Muitas vezes, uma pequena ousadia faz toda a diferença entre os idênticos.

Nas demais ocasiões, entre em contato com o autor.

# ROUPAS E ADEREÇOS

# Meias

Meias sempre! Abdique delas eventualmente apenas no calçar de chinelas ou de tamancos. Elas conferem conforto, proteção e redução de odores indesejados. Para uma melhor escolha do modelo, considere o clima, a ocasião e o calçado que estás a vestir. Meias de várias cores e tecidos são complementos que podem oferecer um detalhe significativo ao seu estilo. Não saia de casa com sapatos e sem meias, pois tal medida tresloucada poderá causar revolta, pânico e uma turba enfurecida nos teus calcanhares.

As de lã no inverno, por óbvio. As de seda, no verão, pois elas absorvem o suor e oferecem um frescor inesperado. Nas demais estações, o algodão com fibras sintéticas faz um bom trabalho. As cores devem ser sóbrias em momentos de reflexão ou pesar, por outro lado, vívidas em festinhas empolgantes. No dia a dia, recomenda-se o livre-arbítrio, podendo até se utilizar meias diferentes em cada pé para, neste caso, demonstrar o lado *paradoxal* da tua personalidade.

# Bengalas

Esse adereço adquiriu um *status* de adereço na vestimenta ao longo do século XVII. No passado remoto, apenas associado ao ato de auxiliar a boa caminhada, tornou-se parte importante na distinção entre os homens elegantes e os gentios. A bengala transmite um ar de nobreza e de sofisticação, oferecendo ao seu portador uma sensação de poder e vigor.

Atualmente, é muito pouco utilizada socialmente, porém um guarda-roupa minimamente respeitável nunca estaria completo sem essa peça fundamental. Há bengalas para várias ocasiões, as quais podem em segredo levar no seu interior um número variado de instrumentos. Nesse sentido, você poderá fazer surpresas aos seus convivas, muitas vezes fatais.

Do ponto de vista psicológico, esse adereço traz consigo um forte componente teatral sofoloclético, remontando inevitavelmente ao enigma da Esfinge. Bengalas remetem à ideia de velhice e à falta de visão, condição e drama vivenciados pelo desafortunado Rei de Tebas. Por outro lado, seu apelo fálico é evidente. Nesse sentido, possuir uma bengala

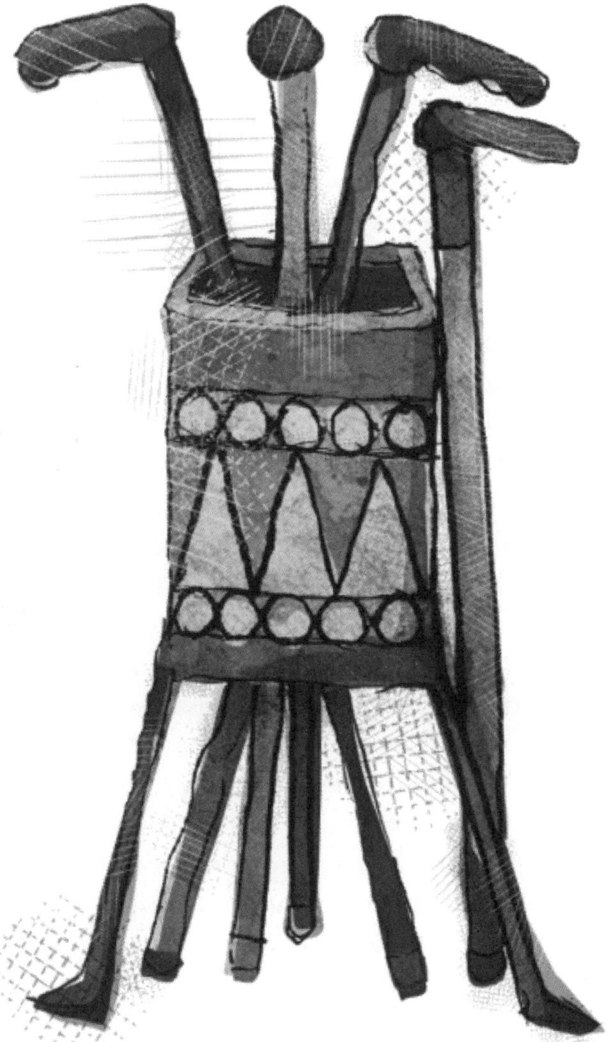

de alta qualidade reforça ainda mais teu *sex appeal*, já tão proeminente. Contudo, não exagere, não dê margem para desconfiança e escárnio.

As melhores bengalas são encontradas no Niger, mais precisamente na cidade de Zinder, no coração da África. Seus artesães manipulam madeiras únicas, como o ébano e a Madeira Negra Africana, oferecendo por preços módicos produtos personalizados e únicos em qualidade e beleza. Lembre-se, ao contatar o artesão, envie suas medidas antropométricas, com especial atenção às medidas dos segmentos corporais inferior e superior.

O caminhar com tua bengala exige uma série de técnicas para um andar natural. Você deve antecipar o passo no hemicorpo dominante e nunca elevá-la acima da cintura, a menos diante de um cumprimento. Conduza a marcha com leveza e sofisticação e incorpore esse instrumento como se ele fosse teu terceiro membro. Sem outras observações...

Como realce, a empunhadura deve ser constituída de materiais nobres. Ouro, platina e pedras preciosas fazem um bom trabalho. O marfim seria bem-vindo caso os elefantes fossem mais dóceis. A ponteira deve seguir as mesmas orientações, podendo combinar com a empunhadura ou não.

Lembre-se, possuir uma bengala lhe trará de volta o sentimento de poder e masculinidade que perdemos ao longo das últimas décadas. Contudo, seja judicioso na aquisição desse adereço tão importante, não caia no falso conto do Kit Bengala: bengalas a qualquer preço acompanhadas de brindes chineses. Compre sempre peças com denominação de origem controlada e você nunca encontrará as tais decepções.

# Lenços de bolso

Não há como evitá-los. O *pocket square* faz parte de um conjunto consolidado de elegância e destaque. Impossível vestir um bom terno, ou mesmo um terno horroroso, sem ter um pano na lapela.

Não abra mão da seda, a mesma da gravata, constituindo um par inseparável de irmãos siameses. Eventualmente, podes utilizar um belo lenço de maneira mais casual sem gravatas, certamente uma ousadia, mas, afinal, o que vale uma vida sem riscos.

Há vários estilos de dobras para determinadas ocasiões. Astaire, levemente desalinhado, para *garden parties* ao entardecer. *Churchill,* bem-estruturado, para ocasiões solenes. JFK para presidentes elegantes – esse estilo enfrenta atualmente um processo inexorável de extinção. E, finalmente, o estilo James Bond, recomendado para pessoas com uma pegada mais minimalista e contemporânea. Também muito utilizado entre os espiões ingleses.

Algumas regras de etiqueta devem ser observadas ao portar um lenço de bolso.

**Primeiro**: o lenço necessita se destacar do terno, portanto escolha uma cor destoante.

**Segundo**: pode ser grande e marcante, representando a tua personalidade histriônica e extrovertida. Contudo, os lenços discretos oferecem leveza e segurança no vestir, transmitindo a sensação de masculinidade que tanto procuras.

**Terceiro**: nunca o utilize para dar conta de secreções ou suores, apenas para enxugar as lágrimas das diversas senhoritas que irás conquistar com teu charme imbatível.

# Luvas

São certamente peças delicadas. Tapas de luva geralmente só machucam a alma e o orgulho. Luvas acrescentam elegância quando bem calçadas. No inverno aquecem, no verão protegem do sol escaldante. Homens elegantes as utilizam amiúde, neste caso, a leveza deve ser a regra. Luvas pesadas apenas no boxe.

As melhores luvas são as francesas com *kidskin* de altíssima qualidade provinda do Marrocos. As luvas de tecido também possuem lugar e valor, neste caso a seda e o cetim são preferíveis. Sua confecção exclusiva evidentemente deve ser deixada a cargo de bons artesãos, os quais levarão em consideração as medidas precisas, tais como: tamanho, largura e peso dos componentes de cada mão. Isso é extremamente importante, uma vez que não há simetria perfeita entre elas.

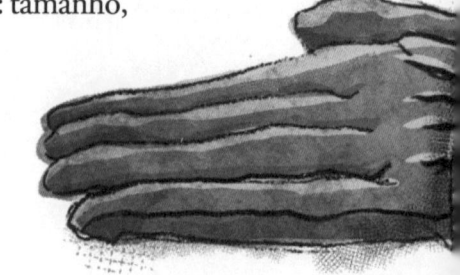

Luvas claras combinam com ternos escuros. As bordadas devem ser utilizadas apenas no carnaval. As escuras são uma boa pedida nos dias cinzentos e frios. Não use marrom. Evite usar anéis e pulseiras, pois acidentes podem ocorrer.

Em ocasiões especiais, elas são inevitáveis. Jamais compareça a uma ópera sem luvas e às cirurgias também. Em caso de autoria de algum delito, elas são mandatórias. Nos jantares, só retire suas luvas na hora de sentar à mesa. Caso a prataria lhe interesse, lembre-se: luvas não deixam digitais. Homens enluvados sempre serão potenciais suspeitos.

Do ponto de vista psicológico, as luvas revelam uma personalidade distante e hermética, a qual evita momentos de intimidade e aconchego. Por outro lado, infere-se a presença de um alto cuidado meticuloso e preocupações com alergias de contato.

Concluindo, acrescente pelo menos um belo par de luvas ao teu vestuário sofisticado. Não te esqueça, a elegância sempre deixa impressões.

# Cuecas

Tudo inicia por aqui. A cueca (do latim vulgar *cullus eco*), veio para proteger suas partes pudendas delicadas e sensíveis das agressões cotidianas cometidas por calças, calções e bermudas ásperas. Por outro lado, também se oferece como uma barreira semipermeável para evitar a transposição de secreções e eliminações indevidas para o mundo externo.

O sopesar de uma boa cueca deve levar em consideração alguns aspectos estratégicos que irão te oferecer conforto, segurança e realce. Há muitas opções dessas peças: as mais justas, com a capacidade de expressar detalhes anatômicos de forma mais contundente, e aquelas complacentes, que permitem acomodar grandes volumes de forma suave e eficaz. Nesse quesito, destacam-se certos radicalismos, como as famosas cuecas fio dental, que produzem um realce interessante das nádegas, principalmente para homens com pouco volume no posterior. Outro estilo pouco explorado no dia a dia é o das cuecas com

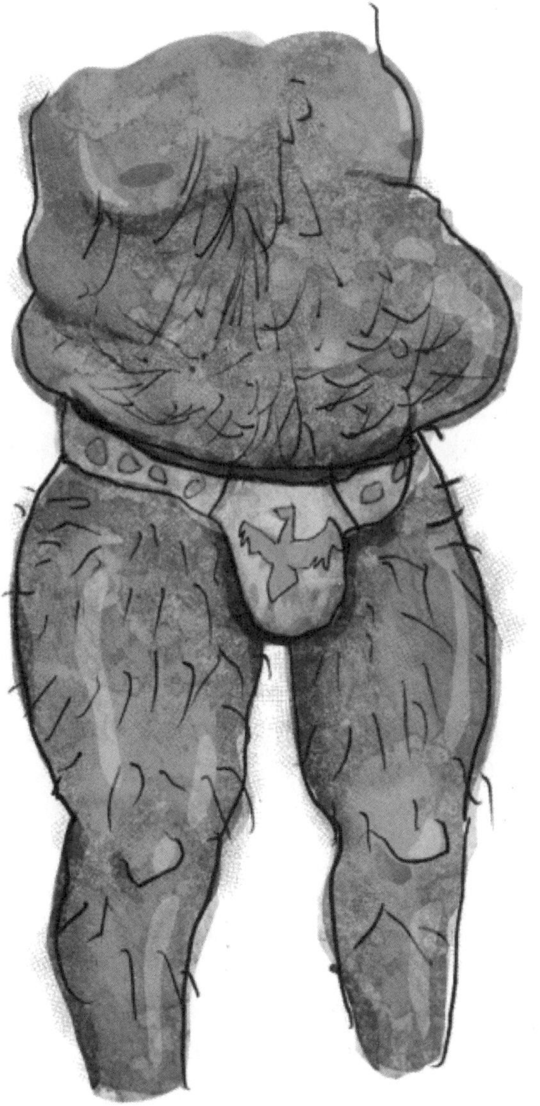

laços, estas são bem-vindas para reduzir os efeitos desestimulantes de uma nádega mole e despencada. Utilizando uma dessas, você sentira o verdadeiro avanço na sua retaguarda.

Em todos os casos, sempre é de bom alvitre avaliar com sabedoria a relação entre conteúdo e contido, evitando a presença do excesso ou da escassez de espaço. Em alguns casos, alguns enchimentos podem ser utilizados com o objetivo de lhe conferir a tão desejada autoconfiança. Nesse momento, poderás sentir uma inusitada sensação de volume, de pressão e de poder másculo. Não exagere, sempre há certos limites.

As estampas devem ser utilizadas de forma a causar espanto aos demais convivas. Cuecas de cores neutras devem ser banidas. Seja sempre ousado. Não tens nada a perder. Em caso de dúvidas sobre qual vestir, não hesite em não usá-las. Porém, cuidado, dependendo da ocasião, evite promover tumulto e correrias desnecessárias.

O tecido preferencial é o algodão, o qual oferece conforto e poder de retenção de suores, de pequenas quantidades de urina e de outros excrementos. Os demais tecidos devem ser utilizados com precauções. Estes podem realçar odores e manchas inesperadas. Em ocasiões nas quais se projetam altas doses de lascividade, a seda é uma boa pedida.

Do ponto de vista psicológico, lembre-se: as cuecas representam a última resistência do pudor e do recato. Uma vez sem cuecas, um homem torna-se livre e pronto para cometer grandes façanhas ou enormes besteiras. Não vacile...

# Abotoaduras

O que seria de um homem sem elas... De origem chinesa, as abotoaduras aportaram à França durante o reinado do Duque de Orleans. Seduzido pelos brilhos cintilantes das peças orientais, de pronto o monarca substituiu as mangas rendadas por essas peças ornamentais, causando o maior bafafá entre os cortesãos. Sim, elas traduzem nobreza e realce social, produzindo um efeito hipnótico nos demais convivas. O Duque fez o maior abafo.

As abotoaduras devem acompanhar com atenção os demais elementos do vestir. Portanto, é necessário possuir vários tipos desses adereços. Para costumes, *smoking*, ternos e camisas, há a necessidade de um encaixe perfeito em cada modelo, oferecendo um tom permanente de harmonia e sofisticação. Contudo, a vasta variedade necessária não significa abdicar da sobriedade no *design* e luxo nos materiais.

Ouro ou platina. Prata, só se estiveres mal das pernas. Pedras preciosas sempre! As semipreciosas podem botar tudo a perder. Marfim, sim. Desde que seja de restauros. Elefantes estão raros hoje em dia.

Lembre-se, as mangas da camisa devem ser duplas. Jamais use abotoaduras em mangas simples. Isso pode abalar a tua reputação, caso ainda tenhas alguma.

Há ourives especializados na confecção dessas peças. Os franceses de Sarlat, no Perigord, são os mais recomendados, apesar de ser possível encontrar trabalhos de boa qualidade nas lojas *Selfridges* e *Harrods*, em Londres. Não compre em outros lugares, ou pelo menos não confesse.

Do ponto de vista psicológico, as abotoaduras remetem ao porte de algemas, significam estar preso a algo ou a alguém. Geralmente, os usuários desses ornamentos apresentam personalidade um tanto conservadora, prisioneira de bons hábitos e tradições. Confie em pessoas com abotoaduras, elas não mentem. As abotoaduras...

# Gravatas

**As gravatas são românticas na sua essência.**

— BALZAC

Gravata é a mais simbólica peça do vestuário masculino, remetendo a um significado único sobre a personalidade de seu usuário. Uma verdadeira via direta entre a cabeça e seu peito formoso. Mente e coração ligados por um pano.

Há quem não viva sem uma gravata no pescoço. Há vários tipos com diferentes tecidos. Beau Brummell, revolucionário no vestir e no dançar, foi o primeiro a utilizá-la amiúde. Roubou a sua primeira gravata de um soldado croata bêbado. Brummell fez história, e as gravatas também.

Há regras para uma gravatagem adequada. Primeiro, nunca use uma gravata que lute desesperadamente para aparecer. Ela deve surgir no teu pescoço entre as abas de um terno bem-cortado de maneira natural, como um despetalar singelo de uma magnólia.

Cores, faça a opção entre a extravagância e a sobriedade, meio-termo destrói. Há de relacionar-se com o sobreposto de maneira harmônica, ou, quem sabe, destoar profundamente de seu *blazer*. As vermelhas panfletárias e as amarelas patriotas costumam causar *frissons*. Marrom, nunca!!! *No Brown in Town*. As com estampadas de marinharia são bem-vindas em lugares claros. As com chamadas eróticas caem bem em *cocktails* formais, pois quebram o gelo.

**Tamanhos dependem do tipo.** Palhaços geralmente as utilizam de maneira desproporcional com efeito hilário cativante. Não seja um palhaço. Sua altura, sua circunferência torácica e o tamanho do seu pescoço importam... As longas não devem, sob hipótese nenhuma, alcançar os genitais. Arruínam sua imagem e a gravata. No máximo no púbis. Gravatas no umbigo provocam hérnias. Elas necessitam de equilíbrio e de proporcionalidade com o rosto e colo. O pomo de Adão sempre deve ser observado. Lembre-se, Adão nunca usou gravatas.

**Estilos há vários:** Francês, Italiano, Americano ou Laço de Bolo, entre muitos. Walt Whitman, tal qual Adão, não usava gravatas. A *Slim* combina com pessoas longilíneas e as regulares com obesos. O meio-termo fica a critério do freguês.

Os pernósticos, os esnobes e as pessoas incomuns preferem as gravatas-borboletas. Os maestros também, porém geralmente são presunçosos. No entanto, elas são obrigatórias em noites de gala e na vestimenta de garçons de bons restaurantes italianos.

**Nós.** Muitos. É o quesito com maior relação com a personalidade do usuário. Há nós simples para pessoas tensas e de caráter melancólico. Já os mais complexos aproximam-se dos sanguíneos e apaixonados. Nós frágeis associam-se a pessoas de índole duvidosa. Em síntese, o importante é tê-lo firme junto ao teu pescoço. Folga na gravata identifica-se com o pouco caso e a impertinência... Simplificando, *Half-Windsor* para ombros largos e *Windsor* para mais esguios.

**Tecido.** Não há o que discutir. Seda, sempre. De preferência chinesa do Cantão, onde as lagartas são felizes. A origem do tecido é fundamental. Caso perguntarem, nunca confesse ser uma seda barata das Filipinas. Outros tecidos utilize só em velórios, de preferência no seu.

**Marcas.** Há boas opções *prêt-à-porter*, porém não aconselho. Seria o fim de uma carreira promissora vestir uma gravata Suashish igual à do seu chefe, ou vice-versa. Bons artesãos e costureiros renomados oferecem gravatas exclusivas por preços convidativos. Prefiro os Napolitanos, sempre muito loucos, contudo não ponha teu pescoço à prova.

# Sapatos

Clássicos, mocassins, tênis, sandálias, chinelos, botas e seus canos. Os sapatos compõem um item importante e estratégico no bem-vestir. Em adição, lembre-se, questões psicológicas e de relacionamentos interpessoais estão presentes na escolha do pisante. Portanto, não corra riscos desnecessários, pois algumas regras devem ser obedecidas com o objetivo de você alcançar a elegância necessária a seus pés, associada a uma autoestima generosa e a uma paz de espírito reconfortante.

Inicialmente, como bem notaram, os pés posicionam-se em uma distância diametralmente oposta à cabeça. Isso faz todo o sentido. Portanto, caso haja restrições estéticas em relação à sua cabeça e ao seu rosto, incluindo as orelhas, seria de bom alvitre desviar a atenção para a região mais distante do problema. Neste caso, um calçante chamativo se impõe. Uma certa disfuncionalidade é aceitável. No caso, um tênis ou chinelo, substituindo um Churchill, faria um bom trabalho.

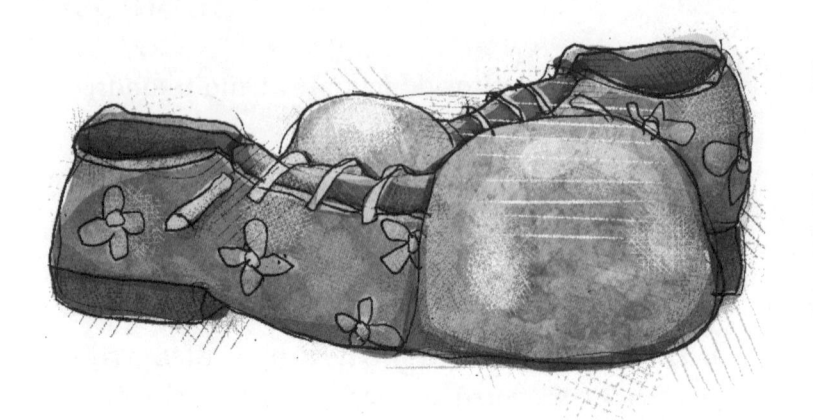

Questões eróticas circundam o bem-calçar. Há hipóteses, ainda sem total comprovação, que associam positivamente o tamanho do sapato ao tamanho dos genitais masculinos. Neste caso, não vacile, use números maiores em ocasiões em que sua masculinidade ou coisa parecida esteja à prova. Lembre-se, não exagere, *fake news* são facilmente desmascaradas atualmente. Proust usa sapatos enormes sob grande descrédito.

Adquirir um pisante que lhe ofereça *glamour* e sofisticação requer técnica e conhecimento. Como regra geral, sempre vá às compras de sapatos ao entardecer. Nesse período, seus pés estarão inchados ao máximo, evitando apertos e desconfortos futuros. Por outro lado, recomenda-se buscar sapatos manufaturados especificamente para suas necessidades calçantes. Seus pés merecem e você também... Neste campo, militam sapateiros de renome, como o londrino John Lobb e o americano Allen Edmonds, entre muito poucos. Pense bem: o que valem duas Mercedes Benz na garagem se comparadas com um par de sapatos exclusivo que permitirá um saltitar lépido e faceiro, te tornando um ser único entre os mortais.

**Cores.** Marrom não!!! Cores chamativas realçam a beleza de seus pés, oferecendo um ar leve e descontraído. Evite utilizar estes na sua vista mensal à Maçonaria. Preto é sempre bem-vindo, serve em qualquer ocasião. Cuidado com o verniz, este pode oferecer um toque de superficialidade ao seu caráter. O fosco é recomendado.

**Couro?** Sim e sempre. De gado, de ovelhas ou de porco; este último oferece uma textura mais macia e aconchegante. Na manufatura e no curtimento das peles, dê preferência ao inigualável cromo alemão para garantir um verdadeiro *wet blue*. Fique atento quanto à procedência, à raça dos animais, às suas idades e aos seus hábitos alimentares. Esses quesitos influenciam a maciez do produto, impactando diretamente o seu conforto. Plásticos e outros sintéticos podem causar espécie e mau odor, então evite-os peremptoriamente. Fibras naturais talvez. Elas remetem a uma vida selvagem e descolada, e vestem bem em ocasiões descontraídas e radicais, impondo uma atmosfera aventureira ao seu pisar. Neste caso, para melhor adaptação a esse estilo, recomenda-se reler *As Aventuras de Robinson Crusoé*.

**Design**. Italiano por certo. Um par de Berluti feito a mão especialmente para você oferecerá um aspecto harmonioso e levemente *nonsense* a seus pés. Neste caso, finalmente, por uma pequena quantia de milhares de dólares, você poderá colocar no esquecimento definitivo o seu incansável Vulcabrás. John Kennedy que o diga.

**O bico**. De pato, fino, redondo, alto e largo. Essa característica, aparentemente trivial, revela-se fundamental em certos momentos, tais como matar baratas, chutes em canelas, danças de salão em ambiente lotado ou simplesmente arremessá-lo com precisão. O sapato pode ser uma arma em momentos de crise.

**Um lembrete final**: o pé descalço, sim, ele mesmo, se impõe em ocasiões especiais, tais como: banhos de piscina, casamentos e formaturas. Ocasiões, sempre elas...

# Chapéus

Sem dúvida um capítulo complexo. Bonés, capacetes, cartolas, panamás, queps, fedora, coco, trilby e tantos outros em uma larga taxonomia. Chapéus existem por duas razões: temos cabeça e ela necessita de proteção. Animais sem cabeça não usam chapéu, apesar do famoso chapéu-de-cobra. A partir dessa premissa, para além da necessidade, esse adereço adquiriu uma enorme carga estética e simbólica, percorrendo um ideário específico a cada tipo por posição e hierarquia social. Use um chapéu quando lhe der na telha e não se esqueça de colocar nessa peça tão icônica um traço da tua personalidade levemente delirante.

**Cada ocasião um chapéu?** Não! Use sempre um grupo restrito deles. Aqueles que te representam. As personagens e seus chapéus fazem parte do imaginário social. Indiana Jones, Carlitos, Elizabeth II com seus chapéus Somerville. Tal qual Carmem Miranda com a sua quitanda enchapelada, essas personagens utilizaram o utensílio como antenas magnéticas para captar a atenção e marcar sua personalidade.

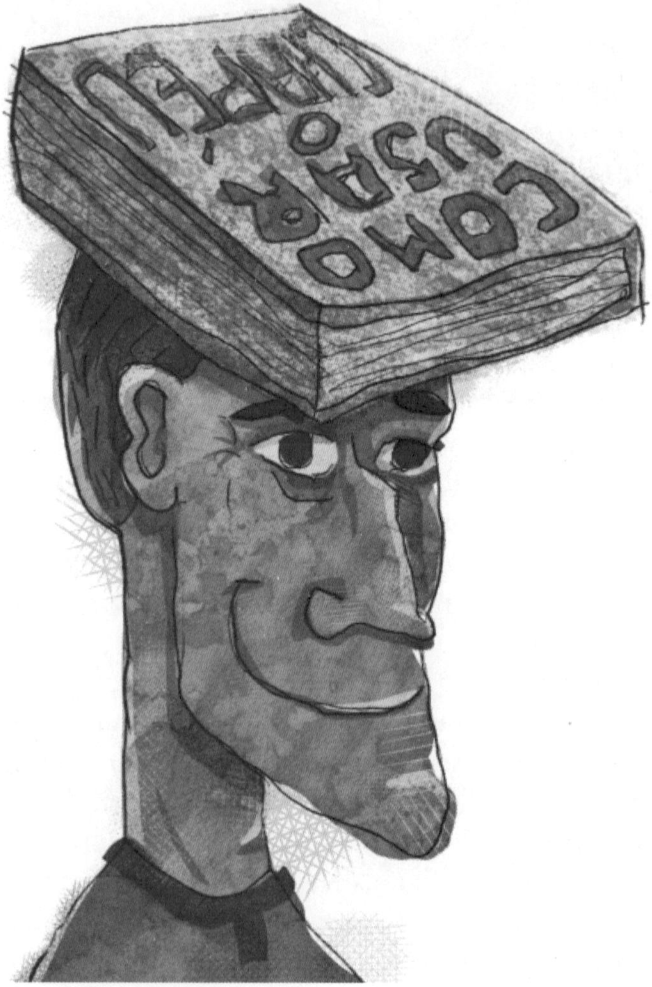
COMO
USAR
O

Entre os chapéus, destaca-se o mais simbólico de todos: o chapéu de cangaceiro. Inconfundível e poderoso, ele transmite ao usuário toda a mística do Capitão Virgulino e de sua amada Maria Bonita. Basta compará-lo com os chapéus insossos de Bonnie and Clyde. Tens dúvida? Experimente ir a um evento solene com um desses e verás que teu filho não foge à luta. Ou foge.

Há, como sempre, implicações eróticas ligadas à boa chapelaria. Freud referia-se ao chapéu como a expressão de um símbolo fálico recalcado. Convenhamos, vindo de Freud, nenhuma surpresa. Em todo caso, julgando os pequenos e modestos chapéus utilizados pelo pai da psicanálise, por livre associação, pressupõe-se isso mesmo que você está pensando. Lembre-se, utilizar cartolas altas não irá resolver o seu problema.

Algumas regras básicas deverão ser seguidas para o uso de chapéus e similares, evitando assim o famoso sentimento de ridículo e de não pertencimento à espécie humana.

Primeiro: leve em consideração suas proporções físicas. Homens baixos devem usar chapéus pequenos, caso contrário, um pequeno cogumelo ambulante irá surgir na imaginação dos teus convivas. Segundo: cuidado com o clima. Utilize tecidos leves e claros em ocasiões quentes e escuros com feltro ou camurça no frio ou em velórios. Toucas obedecem à mesma regra. Terceiro: não vista chapéus em recintos fechados, pois perde-se o propósito e a postura. Evite entrar com seu fedora na missa ou nas cerimônias de culto para as quais invariavelmente és convidado. Neste caso, lembre-se, sempre encontrarás uma bela chapelaria à tua disposição nos ambientes sociais refinados em que habitas.

Caso utilize bonés, tão em moda nesses dias, escolha entre os vários estilos guardando atenção às feições de seu rosto e aos seus propósitos. Aba curva, *Snapback, Strapback* ou *Trucker*, seja lá qual for o seu gosto e estilo, nunca utilize qualquer deles de forma invertida (abas na nuca). Essa postura tresloucada certamente reforçará os aspectos infantiloides da tua frágil personalidade.

# Ternos

Neste capítulo, introduzirei a melhor escolha da peça linha de frente no bem-vestir masculino. A vestimenta que comanda o conjunto e se estabelece como referência para os demais complementos. O terno...

Há uma pequena variedade dessa peça de vestuário derivada do modo *British* de ser: *smoking*, paletó, fraque, *blazer*. Entre eles, podem ser identificadas subespécies criadas a partir de cortes laterais ou traseiros, número de botões, bolsos e comprimento e largura de lapela.

Os ternos mais usuais são os *blazers*, utilizados amiúde por advogados, deputados e senadores. Passam uma imagem de seriedade e honestidade, qualidades tão valorizadas nessas áreas. Alguns homens de negócios também fazem uso dessa peça, porém geralmente fazem parte de um grupo de menor relevância dentro da hierarquia do dito "Mercado". Os verdadeiramente ricos vestem bermudas, chinelos e muitas vezes andam nus. Pastores evangélicos também os utilizam de forma intensa, o que certamen-

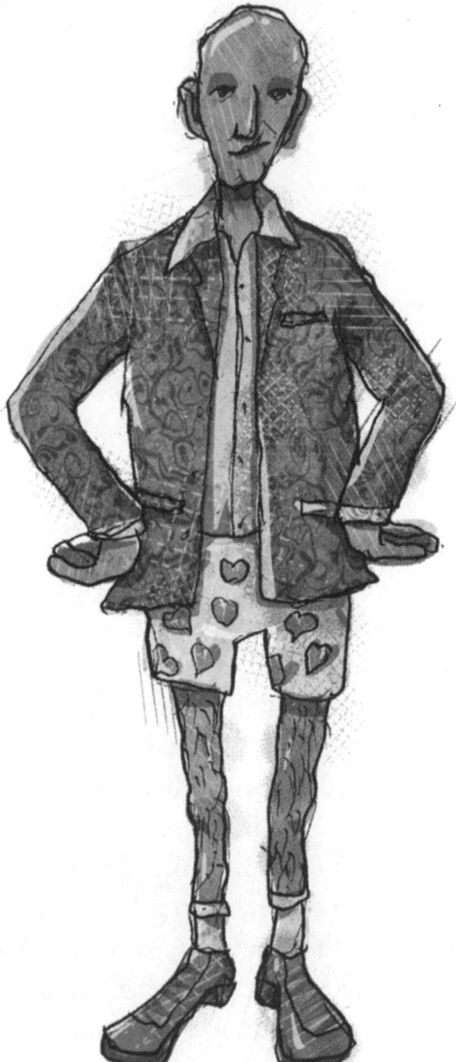

te os aproxima das forças do divino. Seus cortes geralmente carecem de harmonia, contudo Deus perdoa. Deus é amor...

Trajes mais sofisticados, como o paletó trespassado e o fraque, associam-se a rituais sociais específicos altamente solenes. Nos concertos, nos vernissages e na primeira visita aos pais de sua namorada, eles caem bem. Neste último, lhes causarão ótima impressão. Mas cuidado! Não alugue. Há pouquíssimos alfaiates especializados nessa vestimenta, porém não hesite em adquirir pelo menos uma peça de qualidade. Vale o investimento. E, neste caso, recomenda-se uma chegadinha em *Savile Row* em *Mayfair*, bem logo ali em Londres. Procure por Handy Amis e encontrará um corte perfeito. No entanto, caso você seja um *label freak*, um *Purple Label*, a Prada deve sempre estar no seu horizonte, pois apresenta opções *ready to wear* com uma certa elegância por preços bem animadores. Afinal, quem não tem cão caça com Prada.

**Tecidos.** Evidente que depende do clima, de questões circadianas e da ocasião. Seda pode ser usada a La Grande. Sempre bem-vinda, cabe em qualquer lugar. *Tweed* para o inverno. Algodão e lã para dias frios e ambientes climatizados. Linho para o verão e momentos de maior descontração em uma *garden party*. Neste caso, pode ser usado com bermudas do mesmo tecido. À noite, use sempre tecidos aconchegantes. Durante o dia, use os práticos e laváveis, como a lã fria com no mínimo 180 fios. No verão, use os claros, no outono, os cinzas vão bem. Na primavera, poderias inovar, menos marrom! No inverno, use os escuros, levemente listrados ou quadriculados.

Para os mais contemporâneos, recomenda-se o famoso Obama *style*, ternos mais curtos, agíeis e levemente acinturados (*slim fit*). Helmut Lang introduz um estilo minimalista ao trajar masculino com formas limpas e simples em contrapartida às estampas geométricas ou étnicas de Versace. Para os futuristas, recomendo ternos disruptivos, desestruturados e multicoloridos de Giacomo Balla. Neste caso, seria de bom alvitre a companhia de seguranças. Portanto, não hesite em gastar uma pequena fortuna em pelo menos três ternos, os quais darão conta de te cobrir as diferentes e intensas ocasiões em que a tua vida agitada te apresentará. Lembre-se: antes nu que malvestido...

# Calças

Item de grande importância estética, as calças ocupam um lugar extremamente estratégico na indumentária masculina. Elas podem fazer um contraponto com os demais adereços quebrando linhas e propondo reflexões na assistência. Por outro lado, podem seguir a mesma estrutura de vestimenta oferecendo um *look* mais consolidado.

O tecido e estilo das calças devem como regra seguir os do terno. Quebre regras! Inove! Seja disruptivo! Misture experiências nessas duas peças. *Tweed* com *jeans*, linho com seda, e por aí vai. Atente-se: calças de seda causam furor e ranger de dentes, portanto cuidado.

As coloridas e de boca de sino relembram Woodstock e são lisérgicas, deixando a assistência alucinada. Thimoty Leary as vestia amiúde. *Jeans* trazem Marlon Brando e James Dean à baila com rebeldia, contestação e erotismo. Calças clássicas remetem a T.S. Eliot e geralmente oferecem um tom poético ao vestir. Largas eram com Carlitos, sempre hilárias. Encontre uma referência, porém se esforce um pouco para fugir do ridículo.

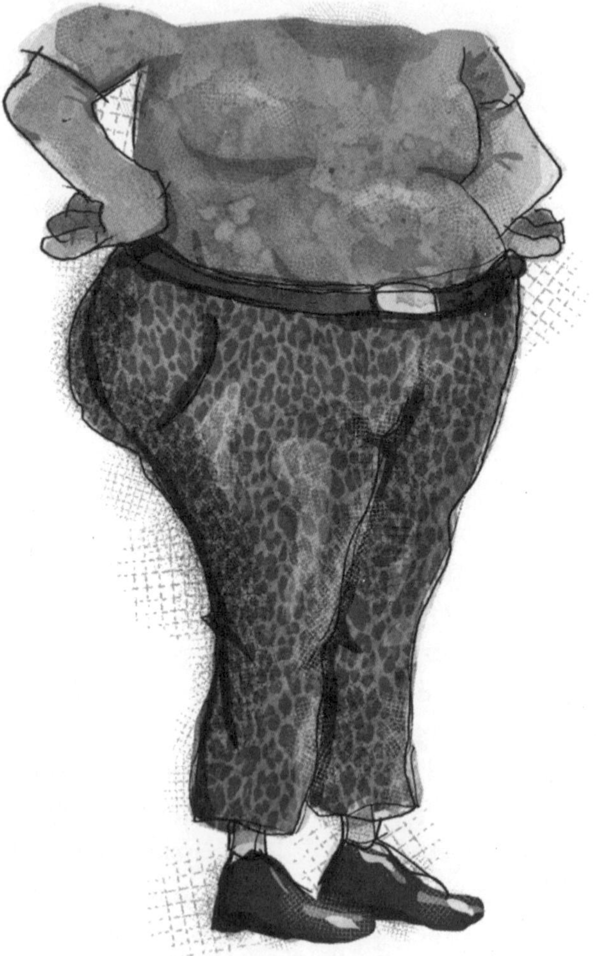

Outras questões são significativas e devem sempre ser observadas. O comprimento deve sempre alcançar os calcanhares. Não permita que ela desabe sobre o sapato oferecendo um ar ainda mais bisonho à sua figura. Calças com bainhas mais curtas estão por aí. A largura deve permitir ajoelhar-se com conforto, evitando excesso de pressão nas costuras laterais e do fundilho. Na parte frontal, assegure-se de conforto pleno. Para aqueles com problemas relacionados à desproporção de genitais, sugere-se atenção para evitar chocar os demais convivas. Minimize impacto oferecendo um espaço generoso ou realce as suas pequenas propriedades acrescentando um forro discreto.

Evite salientar as nádegas, pois, além de ser démodé, podem lhe confundir com um bailarino de festas de despedida de solteiras. Cintura na altura da crista ilíaca. Caso tenhas um aumento de volume abdominal, indico elevá-la até a altura do umbigo, no máximo, e apertá-la com energia. Cuidado, se seus olhos começarem a ejetar e os lábios ficarem azuis, reduza em dois pontos a cinta. Para aqueles com certo grau de incontinência intestinal, assegure um desabotoar ágil e um baixar gentil. Não perca minutos preciosos.

Do ponto de vista psicológico, calças muito estreitas e apertadas se relacionam com personalidades audaciosas e impertinentes. Por outro lado, as folgadas associam-se a pessoas tolerantes e bonachonas. Fique no meio-termo.

# Camisas

Uma larga variedade de camisas está ao seu dispor. Uma camisa, um cenário. Camisas sociais, manga curta, estampas coloridas, gola alta, baixa, justas ou folgadas são características que se ajustam a cada ocasião. Portanto, cuidado, a possibilidade de cometer um erro é grande. A escolha equivocada de uma peça pode levá-lo a situações constrangedoras. Lembre-se, o arrependimento sempre chega tarde.

Então vejamos... **Colarinhos altos ou baixos?** Essa escolha estratégica relaciona-se com o tamanho do seu pescoço. Pescoços largos e curtos merecem colarinhos baixos e largos para não realçar seu ar brevilíneo. No contrário, pescoços longos apelam para colarinhos altos e finos. Neste caso, cuidado para não exagerar, não ponha sua cabeça a prêmio.

**Comprimento.** Para aquelas ocasiões informais, quando há a possibilidade de usar camisas para fora das calças ou bermudas, a regra é vesti-las até 10 cm abaixo da cintura. Camisas curtas podem oferecer ocasionalmente a vista de seu umbigo, não recomendo.

As longas lhe darão um ar descontraído, porém só poderiam ser usadas por pessoas com mais de 180 cm de altura. Nos baixos, camisas longas reforçarão falta de estatura. Caso estejas em uma *garden party*, a comparação com um anão de jardim virá de pronto.

**Os botões são importantes complementos em uma camisaria sofisticada.** Há uma larga variedade, no entanto, devem estar harmonizados com estilo. Botões grandes causam estranheza e soberba, os pequenos indicariam mesquinhez e avareza. Camisas abertas ao peito apenas durante o sono ou em visitas a clubes de *swing*. É completamente proscrito exibir seu pelos torácicos; na missa de domingo seria um passaporte para o inferno. Tecidos *corduroy* das camisas de Elvis e seus asseclas ainda estão soltos por aí arrasando corações.

**Mangas.** Importante lembrar a proporcionalidade com o comprimento e a largura dos braços. A manga não deve ser folgada, muito menos comprida. Caso tenhas braços muito finos, recomenda-se reforço muscular com ênfase em hipertrofia. No oposto, braços fortes e musculosos requerem total atenção. Digo, no sentido de amenizar seus dons físicos. Neste caso, camisas com mangas muito justas podem levá-lo a travar conversações sem nexo. Manga curta, existe essa possibilidade, bem rara, aliás. O ideal é dobrar uma manga longa de maneira gentil até a altura do bíceps, oferecendo ao usuário um incremento da sua força muscular pelo aumento artificial da espessura do braço.

**Punhos.** O melhor é usar camisa com dois botões nos punhos, o mais clássico possível. Com fraques e *smokings* sempre com punhos duplos e abotoaduras. Lembre-se, os punhos devem emergir da manga de um terno de maneira gentil, tal qual o coroamento de um bebê no nascimento natural.

**Cores e estampas.** A escolha de camisas para eventos sociais mais formais permite apenas as cores branca e azul-claro. Pequenas variações sobre esses tons são perdoáveis, porém não abuse do amor divino. As outras cores estão proscritas. Camisas cor-de-rosa só se for de força. Elas atentam contra a cultura *fashion* e escancaram teu gosto pelo hediondo. Cuidado com as estampas. As mais chamativas irão lhe oferecer um ar cômico. As estampas florais e tropicais caem bem ao entardecer. As listradas são um verdadeiro perigo. Para os baixos, longitudinais, para os altos, transversais. Caso tenhas alguns problemas com a justiça, evite peremptoriamente. Presidiários costumam vesti-las amiúde.

# Chinelos e sandálias

Peça mais primitiva do vestuário calçadista, a sandália ainda conquista corações em mentes mundo afora. Item importante na esfera doméstica, propicia movimentos rápidos e enfrentamentos de pisos inóspitos com praticidade e descontração. Na esfera social, em um verão casual, oferece um toque de frescor e contato com a natureza de forma insuperável. Note, vesti-las depende enormemente do aspecto de seus pés. Caso tenhas pés eivados de calos, unhas encravadas, micoses e seborreias, indicam-se sandálias e chinelos fechados, evitando o asco geral. Um pedicuro corajoso seria uma outra bela opção. Odores devem ser considerados e, se possível, deve-se evitar dissabores. Chulés nem sempre são bem-vindos. A melhor opção em termos de matéria-prima é um couro gentil e faceiro, pois terá contato direto com sua pele delicada, produzindo uma sensação de aconchego intenso. Apesar de não contar com um estilo elevado, as chinelas de borracha não devem ser desprezadas, principalmente em momentos reflexivos e relaxantes. Elas fazem o maior sucesso na Itália. Federico Fellini dirigia seus filmes calçando um par de inefáveis Havaianas. Também estão indicadas quando o suor nos pés for iminente. Não vale em crises de pânico. Quando calçar sandálias ou chinelos no frio, associe meias de lã estampadas, pois elas oferecerão um ar jovial e despreocupado ao seu andar. Em ocasiões solenes, eles caem bem, você será o centro das atenções.

# MOVIMENTOS E MODISMOS

## La Bella Figura

**A guerra não é moda.**

— ZUBARAN

Na Europa pós-guerra, o racionamento de alimentos ainda perdurou por muitos anos, porém a moda, que não passa fome, seguiu sua sanha revolucionária e inovadora. Na Itália em 1945, Fonticoli e Savini lançam o selo Brioni para quebrar de vez a austeridade dos tempos difíceis, agora propondo uma figura masculina mais sensual e colorida, pronta para enfrentar os tempos prósperos que se aproximam. O homem então assume a personagem da *Bella Figura* radiante nos estúdios da *Cinecittà* e glamorosa nas passarelas de Milão.

O novo estilo italiano, tal qual uma epidemia, invadiu Savile Row, produzindo a dita *Peacock Revolution*. Modelitos *Beatles and Stones* beberam dessa fonte. Na França, Pierre Cardin transportou toda a intensidade das cores italianas para roupas futuristas que projetaram o homem para bem longe da estoicidade *dos maquis*. A guerra e a ocupação ficaram fora de moda.

Na América, *La Bella Figura*, andando distraída, encontrou alguns *beatniks* numa esquina perdida do *East Village*. Após alguns *drinks* e outros suplementos, o exotismo e a intensidade do movimento desaguou no *Central Park* travestido de Jimi Hendrix com toda sua estética *hippie*. Lá, a *Bella Figura* violou o espírito da guerra e se opôs à violência e ao massacre de *My Lai*. A moda exige e luta pela paz. Portanto, vai de boa, irmão.

# A moda *Kitsch*

O *Kitsch* é o desafio desesperado dos meios
à procura de um fim...

—ZUBARAN

Movimento da moda caracterizado pelo excesso dos meios, muitas vezes não relacionados com o objetivo do utensílio. O *Kitsch* reflete toda a pujança da ascensão da sociedade burguesa com seus excessos e distopias estéticas. Nem belo nem feio, muito menos útil, o *Kitsch* destaca a ausência de propósito na moda; como consequência, surge a surpresa da irrelevância. Como exemplo de detalhe *Kitsch*, surge o famoso passador de gravatas confeccionado com ouro 21 quilates, acrescido de um pequeno termômetro de cristal tcheco acoplado.

Seus valores refletem não apenas um modo de vestir, mas sim um estilo de vida. Destacam-se entre esses valores: em primeiro lugar, a segurança diante das tendências da moda, pois nada o levará a abandonar o *Kitsch*. Uma vez incorporado, adquire o *status* de um ritual religioso. Em segundo lugar, a afirmação de si próprio, afinal tem que ser muito autoconfiante para assumir o *Kitsch*. E, finalmente, o culto à posse, neste caso, ter, possuir e acumular são essencialmente *Kitsch*. Imelda Marcos, com sua modesta coleção de sapatos, personificou o significado *Kitsch*.

Muitas vezes mal traduzido pelo termo "cafona", o *Kitsch* assume um lugar cativo no espírito e na personalidade do vivente. Em uma abordagem psicossemiótica, o termo associa-se à ironia e ao bom humor, existindo em várias personagens icônicas mundiais, tais como a Barbie e a Suzi. Neste caso, diante do desafio da busca de atenção e destaque a todo custo, não se sinta intimidado pelos olhares severos dos falsos proprietários do mundo *fashion*: seja um *Kitscher*. Verás que o excesso de meios não se relaciona com nenhum fim, a não ser com o seu próprio...

# A moda Patafísica

O absurdo faz sentido.

— ZUBARAN

A Patafísica lançou luzes distorcidas sobre o hábito cotidiano de cobrir o corpo com panos e utilizar adereços. A Patafísica é a ciência dedicada a propor soluções imaginárias para problemas reais com o estabelecimento de metodologias para as exceções. Ela foi incorporada à estética surrealista por Alfred Jarry e influenciou de maneira marcante as artes, a literatura e a moda a partir do crepúsculo do século XIX.

Na moda a Patafísica promoveu uma verdadeira revolução de formas e, principalmente, de conteúdo, associada ao minimalismo e ao cubismo de Miró e de Picasso. Marcel Duchamp bebeu litros de extrato patafísico obtidos de essências pantagruélicas, e deu no que deu... Na literatura, Jean Genet, Humberto Eco e Ionesco, entre pouquíssimos, foram membros do hermético Collège de '*Pataphysique*, no qual se dedicavam a investigações eruditas inúteis. A Patafísica criou as condições cênicas para o surgimento de uma literatura do absurdo e daí um pequeno saltitar para a ficção científica e sua manifestação nas estórias em quadrinhos.

Nada mais patafísico do que *Superman* e seus amiguinhos. Clark Kent, nas horas vagas, fazia questão de usar as cuecas sobre as calças, e a moda pegou. Não existe um super-herói que se preze sem cueca à vista. Elas conferem poder, força e contenção de impulsos primitivos, além de uma pegada erótica cativante. A inversão de propósitos pelos patafísicos deu no chapéu-sapato de Schiaparelli, exemplo da presença do surrealismo patafísico numa moda direcionada a explorar os limites do absurdo. Divino!!! Portanto, caso adote um tom Patafísico no vestir, necessariamente deverás provocar um leve estranhamento nos demais convivas, vestindo roupas desdobradas, mínimas e fora de seus lugares tradicionais. Como possível consequência, assegure-se de uma via de fuga ligeira e segura. Enfim, viver perigosamente é excitante, porém exige agilidade.

# A moda *Fitness*

Só os fortes e bem-vestidos sobreviverão...
— ZUBARAN

Você que é um acadêmico aficionado e vive frequentando as salas de ginástica de sua cidade com seu corpo bem-estruturado com baixo percentual de gordura e uma leve hipertrofia muscular generalizada muitas vezes incorre no impulso de transbordar todo esse potencial estilístico para o seu dia a dia. Veja bem, o mundo não é uma sala de musculação, muito menos uma esteira de corrida. Portanto, poupe os demais terrestres de te observar utilizando camisas regatas e *shorts* curtos em ocasiões sociais ou solenes, tais como: churrasquinho com os amigos, festinhas da turma do escritório e muito menos em casamentos (extremamente tentador...).

Por outro lado, uma vez mergulhado no seu ecossistema predileto, o mundo acadêmico, use roupas que lhe façam demonstrar seu estilo arrojado e sua alta *performance*. Lembre-se, neste caso, há algumas regras a seguir:

Em primeiro lugar, considere suas características anatômicas para melhor realçar seus dotes. Para os baixos e desgalgados, recomendam-se roupas mais folgadas, camisa em gola V e mangas curtas, oferecendo artificialmente a altura e a complexão física tão desejadas. Esse conjunto passará a impressão de um acadêmico promissor, porém ainda em formação. Para os socadinhos, baixos e parrudos, roupas mais justas passarão a ideia de uma pessoa que não cabe em si, portanto, neste caso, vá de meio-termo. Porém, nunca vista bermudas abaixo dos joelhos, pois elas te remeterão ao pequeno menino do jardim de infância que ainda vive dentro de ti. Os abdominosos podem vestir roupas largas sempre com *shorts* médios e camisas de gola redonda. Estes devem passar um ar bonachão, meio *laissez-faire*, oferecendo vivacidade e alegria ao ambiente acadêmico, já um tanto circunspecto. Caso haja uma preocupação estética mais significativa com seu indomável abdômen, uma fita forte e resistente comprimindo o barrigão às vezes se faz necessária, mas assegure-se de que haja um toalete próximo. Nos altos e fortes, roupas justas causam *frissons*, as largas remetem às curiosidades e as normais não produzem nenhum efeito adicional. Portanto, para você, perfeitinho: vá do jeito que achar melhor.

Em segundo lugar, apesar de teres gastado uma fortuna para determinar tua palheta de cores perfeita, lembre-se, **no cenário acadêmico, use cores sempre escuras**. O preto de preferência, pois realça a silhueta, transmitindo uma impressão atlética e máscula. Guarde seus calções e camisetas coloridos para esportes ao ar livre, com os quais irás te incorporar à diversidade de tons da natureza de forma mais espontânea.

Em terceiro lugar, **a qualidade das vestimentas e de alguns acessórios é fundamental**. Nestes itens, não deixe a sofisticação de lado. Marcas exclusivas estão à sua disposição para um arraso no movimento supino ou mesmo numa corridinha maneira na esteira ligeira. Aqui sempre vem logo à mente marcas com o Louis Vuitton e Dolce & Gabbana, com seus *branches* esportivos. Apesar de serem *prêt-à-porter*, essas marcas ainda remetem a uma certa exclusividade. Infelizmente, a confecção de roupas de alta-costura para momentos esportivos ainda é um nicho a ser explorado. Concluindo, em um ambiente de alto capital estético, o importante é impactar a audiência. A leveza e o conforto sempre vêm em segundo lugar.

# Metrossexual

> Quanto o homem é desejado até pelo seu cão.
> — ZUBARAN

Mark Simpson, em 1994, retirou o velho homem de seus múltiplos armários e entregou esse moço empedernido aos seus desejos estéticos mais íntimos. Uma nova maneira de adquirir e portar moda tomou conta do imaginário masculino, rompendo barreiras culturais e preconceitos e produzindo um grande impasse contemporâneo. Para ser um metrossexual verdadeiro, agora terás de superar esse medinho infantil das manicures e dos maquiadores e se tornar assinante da *Men's Health Magazine*. Alguns quesitos fazem parte da sua nova personalidade vibrante: *jeans* exclusivos, cabelos esculturados, barba rala e camisetas justas para realçar o belo corpo emergente. Nunca esqueça, nem por um segundo, de cultivar esse bronzeado artificial permanente. O natural é visto com o grosseiro e cheio de imperfeições, não seja rude. Agora o masculino se adora.

Ele foi feito e vestido para si e desejado por todes. O ápice do narciso. *Neither gay nor girly, just a metrosexual. Have fun and run!!!*

# Dandismo

O dandismo é um rasgo de heroísmo na decadência.
—CHARLES BAUDELAIRE

Dandismo é o epítome de uma estética única no vestir com a negação de uma moda banal e vagabunda. Ele se caracteriza pela hipertrofia dos detalhes, oferecendo ao verdadeiro Dândi um aspecto exclusivo. A imagem de um Dândi jamais será esquecida, nem mesmo pelos dementes mais profundos. Ele marcará sua época através de contribuições estéticas intensas e impactantes. Esse movimento surgiu em oposição à ditadura do vestuário burguês hegemônico estabelecido após a Revolução Francesa. Nessa, as diferenças no trajar que oportunizaram uma distância segura entre gentios e nobres foram derrubadas junto à Bastilha e tudo mais. Os loucos, a choldra e a moda se libertaram. Não necessariamente nessa ordem. A nova burguesia impôs um modo de vestir a todos os seus membros, seguidores e submissos. Não haveria a distinção entre classes sociais, grupos e nações no vestir devido ao acesso universal a uma oferta clichê de mercado dirigido de vestimentas. Os Dândis surgiram para contestar a ordem das coisas e das roupas. Por sua vez, Balzac detestava os Dândis, tidos como contrarrevolucionários de mau gosto. O Dandismo é a heresia da elegância, dizia o autor de *A Comédia Humana*. Em outra direção, Baudelaire e Stendhal fizeram dos Dândis figuras presentes na literatura francesa por dezenas de anos. Em Oscar Wilde e Joris Huysmans, o Dândi assumiu o personagem amoral, artisticamente requintado e decadente. A Decadência como literatura, no final do século XIX, assumiu o Dândi como seu personagem idealizado. Uma vez decadente, você está pronto para o Dandismo. Decaia, faça a diferença!

**Dândis famosos:**

Beau Brummell, o Belo Brummell. O primeiro.

Oscar Wilde. Sofreu por amor, conquistou corações e beijos eternos.

Rubirosa. Ferveu no Jet Set. Morreu como James Dean.

Cole Porter. Um gênio *under my skin*.

Reginald Ross, favor não confundir com Reginaldo Rossi.

Tom Wolfe. Vaidoso e fogueteiro.

Ezra Pound. Poeta, maldito e elegante.

George Sand. Ele era ela. Chopin que o diga.

# Perguntas frequentes de clientes duvidosos

1. Caro Zubaran, devo usar sapatos sem meias?

Claro. Porém, assegure-se de manter uma distância considerável, dois quilômetros, no mínimo, de qualquer ser humano.

2. Caro mestre, gasto verdadeiras fortunas em roupa e mesmo assim não consigo me destacar entre os viventes. O que devo fazer?

Primeiramente, continue gastando o que puder e, se possível, dobre a aposta. Estás no caminho certo. Segundo, procure com urgência um psiquiatra ou um cirurgião plástico, talvez os dois. Não esqueça, no seu caso, um pai de santo também pode fazer um excelente trabalho.

3. Caro Guru da moda e do bem-vestir, estou em dúvida se continuo a utilizar meu colete acompanhando meus ternos. Penso que seria um excesso e um tanto démodé. O que devo fazer?

Caro discípulo, em uma perspectiva *hype*, creio que ficaria ótimo vestir um colete com uma cor bem destoante do terno. *Pink* com azul ficaria um estouro. Não esqueça de não abotoar o último botão do colete em nenhuma hipótese, caso contrário dores excruciantes acometerão a consciência.

4. Posso ir a um evento formal sem gravata?

Pode. Porém, espero que não te deixem entrar.

5. Zubaran, tenho uma camisa preta, posso usá-la em um casamento?

Óbvio. Porém, apenas no casamento da sua ex--sogra. Vais abafar!

6. Sou baixo, posso usar sapatos plataforma?

Se não tiver medo de altura, sim! Neste caso, o ideal é acrescentar um pequeno aumento (2 cm) no salto e na sola do teu pisante. Para homens com menos de 160 cm, faz muita diferença. Não esqueça de usar as meias com a mesma cor das calças, pois essa estratégia oferece um ar mais longilíneo. Evite a todo custo a alcunha de Carmem Miranda. Divirta-se...

7. Posso adquirir um bom terno ou costume nas boas lojas do ramo?

Podes adquirir um terno. Bom nas boas lojas é uma questão de sorte. Recomenda-se a procura de um pano sofisticado e a entrega desse insumo nas mãos habilidosas de um alfaiate de renomado conceito. Medidas corretas da sua talha e perfeição na costura fazem total diferença. Lembre-se, a elegância não tem preço. Seja diferente e elegante a qualquer custo...

8. Zubaran, qual é o melhor chapéu para um verão escaldante?

Panamá ou chapéu de cangaceiros, sem dúvidas. Os dois oferecem estilo e frescor, porém apenas um vai parar toda a *Cote d'Azur*. Adivinhe qual...?

9. Abençoado Zubaran, estou montando uma igreja e pretendo me tornar um pastor. Qual é a melhor roupa para conquistar fiéis e distribuir milagres?

Caro futuro pastor, recomendo fortemente trajes mínimos. Se possível, vá completamente pelado. Neste caso, transparecerá o verdadeiro despojar dos grandes líderes e a sua proximidade com o divino. Fora isso, poderá aumentar consideravelmente a contribuição dízimica. Recomenda-se cuidado para não pegar um resfriado.

10. Zubaran, tenho calos nos artelhos, muitos... Como amenizar a dor excruciante em eventos solenes calçando meu Churchill?

Vá de sandálias com meias ou só apenas meias. Conforto também faz parte de um trajar elegante e sincero.

12. Caro Zubaran, herdei dois ternos de meu finado e saudoso avô, os quais ficaram bastante folgados. Todos de altíssima estirpe e monta. O que devo fazer?

Engorde o mais rápido possível. Família é tudo...

13. Caro Zubaran, sofro de peremptório e altamente penetrante odor que exala de meus pés. Já tentei uma infinidade de produtos, sem sucesso. O que devo fazer?

Não sei...

14. Caro Zubaran, aprecio por demasia folguedos junto à orla marítima. Devo usar uma sunga justa ou calções folgados?

Sungas remetem a uma pegada mais erótica, a qual corre o risco de definhar para uma frustração de propósitos. Calções oferecem espaço e conforto, podendo oferecer um efeito impactante ao sair das águas oceânicas. Todavia, na dúvida, vá nu, logo saberás qual dos dois deverias ter escolhido.

15. Caro Zubaran, nos últimos anos adquiri um pequeno, porém significativos aumento da circunferência abdominal. Minhas calças ficaram desconfortáveis e um quão difíceis de serem vestidas. O que devo fazer?

Certamente, esse fenômeno que descreves deu-se pelo consumo descontrolado de alimentos ultraprocessados, estresse elevado, fumo em profusão e bebidas alcoólicas em demasia. Sugiro com o medidas compensatórias: aumentar furos na cinta e adquirir roupas um pouco maiores. Em breve não sentirás mais nenhum tipo de desconforto. Nenhum mesmo...

16. Mestre do vestir, posso abrir mão de utilizar o cinto em uma ocasião formal?

Em trajes bem cortados e bem acinturados realmente não há necessidade de cintos. Aliás, não ficaria elegante uma fivela chamando a atenção no meio da sua barriga chapada. Vá sem medo...

17. Caro Zubaran, neste inverno fui à tradicional liquidação da *Harrods* em Londres, na qual adquiri um costume Versace por uma pequena bagatela. Contudo, os tons rosa-dourado sob o azul rutilante me deixam um pouco zonzo e nauseado. O que devo fazer?

Antes de vestir o modelito, recomendo um comprimido de Dramin. Se os sintomas persistirem, procure seu médico.

18. Posso usar lenços de lapela em ocasiões informais?

Claro! Neste caso, procure utilizar lenços com estampas descontraídas. Um belo Astaire te oferecerá um estilo sofisticado mesmo naquele pagode maneiro à beira da piscina lotada.

19. *Blazer* de veludo está na moda?

Sempre. Contudo, apenas manufaturados com veludo alemão, o qual oferecerá a estrutura, o brilho e o realce necessários. Evite a todo custo outros veludos, eles são tristes e podem reforçar momentos de depressão e dor na tua personalidade tão frágil.

20. Quando devo utilizar tênis em eventos formais?

Sempre que quiser. Assegure-se de cores vivas e chamativas, as cores preta ou branca promovem perda de propósito no calçar de um tênis estiloso. Não tema a audiência e chute o balde, porém sempre com elegância.

# Os dez mandamentos derradeiros

**1.** Não subestime sua capacidade de vestir-se mal. Lembre-se: sem autocrítica, tudo pode piorar.

**2.** Mesmo gastando horrores no teu modelito básico, nada garante que alcançastes a elegância no portar. Dinheiro é um bom começo, porém deve ser acompanhado de senso e bom gosto. Difícil...

**3.** Procure incessantemente se destacar entre os demais, porém fuja do ridículo, se puder... Se não puder, lembre-se: o ridículo é bem melhor que o comum.

**4.** Crie um estilo próprio, algo que acompanhe e represente a tua personalidade. Cuidado, evite internações prolongadas em manicômios.

**5.** Não se abale por olhares incrédulos. A vasta maioria da assistência não foi introduzida à alta costura masculina e aos extremos da elegância. Enfrente a turba enfurecida com ousadia, afinal coragem é um elemento fundamental na vida e no bem-vestir.

**6.** Procure peças exclusivas que te tragam destaque. Visite os *bricks* de Porto Bello Road atrás de raridades. Roupas usadas raras oferecem oportunidades únicas de destaque.

**7.** Fuja da mesmice. Não acredite em tendências e pressões dos *brands* dominantes. Pesquise modelos inovadores e, como Lou Reed, ande pelo lado selvagem da vida.

**8.** Aposente a *persona* macho alfa que existe dentro de você. Traga a sua doçura e sua leveza para as roupas do dia a dia. *Sweet*...

**9.** Não desista desta jornada em busca da elegância perdida. Um fracasso numa combinação de peças não significa o fim de uma carreira promissora no mundo dos bem-vestidos. Não erre demais, porém, se acontecer, levante a poeira e dê a volta por cima.

**10.** Finalmente, elegância é um substantivo composto. Fazem parte dele a educação, a cultura e uma série de outros conteúdos essenciais. Tenha sempre em mente: não há elegância sem virtudes.

# Glossário

*Branches* ramos.

*Brands* marcas.

*Beatles and Stones* besouros e pedras cantantes.

*Beatniks* pessoal que se manteve a vida toda irresponsável e adorava por o pé na estrada.

*Bricks* bric-à-brac.

*British* ilheus.

*Catch up* alcançar, alçar, elevar, pendurar. Não confundir com condimento à base de tomates.

*Central Park* ferida verde na face espinhada de Manhattan.

*Cinecittà* cidade onde moravam Fellini, De Sica e Rossellini.

*Coach, advisor, influencer* candidatos a cargos públicos com largos conhecimentos acadêmicos. Também conhecidos como *new intelectuals*.

*Come out of the close* chega mais que tu vais ver o que é bom.

*Corduroy* cordas e algodão.

*Cote d' Azur* águas que banham Cannes e Saint Tropez. Cidades onde Zubaran passa os verões.

*East Village* bairro nova-iorquino onde pessoas felizes andam de mãos dadas.

*En passant* de passagem.

*Fake news* verdades transitórias ou mentiras permanentes.

*Fashion* uma moda afetada.

*Garden party* ocasião alegre com alto apelo ecológico.

*Hype* movimento estilístico hiperbólico.

*Jet Set* Turma do barulho com muitos recursos financeiros, geralmente transferidos para *drinks* autorais, para bancos no exterior e para embarcações clandestinas.

*Kidskin* produto derivado de infanticídios de animais.

*La Bella Figura* Zubaran.

*Laissez-faire* deixa rolar.

*Maquis* turma de franceses que não permitia samba na cozinha e não levava desaforo pra casa.

*Mayfair* bairro londrino onde a riqueza, como a elegância, não nasce para todos.

*Men's Health Magazine* revista dedicada a adonis e narcisos.

*Mise-en-scéne* canastrão em ação.

*My Lai* pequena vila vietnamita onde mulheres, crianças e velhos foram massacrados por soldados americanos deselegantes.

*Nonsense* fora da casinha. Muito comum entre pessoas ditas normais.

**Peacock Revolution** bando de pavões ingleses sanguinários devoradores de austeridades.

**Performance** desempenho hiperbólico.

**Pocket square** lenços de bolso em ternos finos ingleses.

**Porto Belo Road** em Notting Hill, Londres; repleta de roupas usadas com histórias.

**Purple Label, label freak** adoradores de ídolos caídos. Lembre-se, aquele Prada da vitrine não foi feito especialmente para você.

**Ready to wear, prêt-à-porter** roupas prontas para vestir. Utilizar só quando não tiveres tempo para visitar teus alfaiates exclusivos em London ou em New York.

**Rue de La Paix** rua parisiense famosa por suas lojas de moda exclusiva. Mandatória para o nosso grupo social mais sofisticado.

**Savile Row** pequena rua londrina onde sempre deverias adquirir teus costumes.

**Savoir-vivre** modo de vida dos franceses extravagantes.

**Selfrigdes e Harrods** lojas de coisas caras em Londres nem sempre úteis ou *chics*.

**Sex appeal** transbordamento de sensualidade transformado em desejos incontroláveis.

**Slim** magro, descarnado, seco, fino.

**Snapback, Strapback e Trucker** modelos de bonés.

**Up to date** da hora.

**Wet Blue** gremista molhado.

# Bibliografia

1. ADEVERSE, A. *Moda*: moderna medida do tempo. São Paulo: Estação das Letras e Cores, 2012.
2. ADVERSE, A. O. Dandismo: notas sobre a distinção e dessemelhanças. *Acervo*, v. 31, n. 2, p. 105-127, 2018.
3. BALZAC, H. *Tratado da vida elegante*: ensaios sobre a moda e a mesa. São Paulo: Companhia das Letras, 2016.
4. BLACKMAN, C. *100 anos de moda masculina*. São Paulo: PubliFolha, 2014.
5. BON VELOZO, O. C. *Modas de vestir, modos de ser*: tradição e modernidade no Rio de Janeiro (18081908). Tese (Doutorado em Ciências Sociais) Pontifícia Universidade Católica do Rio de Janeiro, Rio de Janeiro, 2020.
6. ESQUIRE. *Handbook of style*: a men's guide to looking good. New York: Hearst, 2009.
7. HUYSMANS, J.-K. *Às avessas*. São Paulo: Companhia das Letras, 2011.
8. MARANTES, B. O. Relendo Balzac: as fisiologias, a moda e a elegância. *Revista Exagium*, n. 12, 2014.
9. MELO DE SOUZA, R. A. *O luxo na moda*: alta-costura entre o passado e o futuro. Dissertação (Mestrado em Design de Moda) Universidade da Beira Interior, Covilhã, 2015.

10. MOLES, A. *O kitsch*. São Paulo: Perspectiva, 1971.
11. RODRIGUES, L. *400 anos de moda masculina*. Rio de Janeiro: Editora Senac Rio, 2019.
12. SIMPSON, M. Here come the mirror men: why the future is metrosexual. *The Independent*, November 15, 1994.
13. SOUZA CAPOS, B. B.; CIDREIRA, R. P. A ordem da roupa em Foucault: as relações de poder presentes no discurso midiático do corpo adornado. *RELACult*, v. 4, n. 3, 2018.
14. STALLYBRASS, P. *O casaco de Marx*: roupas, memórias, dor. Belo Horizonte: Autêntica, 2016.
15. TALEB, A. *Imagem masculina*: guia prático para o homem contemporâneo. São Paulo: Editora Senac São Paulo, 2016.
16. TAVARES, E. F. *Esteticismo e decadentismo nos dândis de Wilde e Huysmans*: retratos de Des Esseintes e Dorian Gray. Dissertação (Mestrado em Letras) Universidade Estadual de Maringá, Maringá, 2015.